桑妮雅 • 盧卡諾(Sonia Lucano)

Autour des anges

天使娃娃與裝飾

親手DIY布偶動物的樂趣

Autour des anges

天使娃娃與裝飾

親手DIY布偶動物的樂趣

作者◎桑妮雅·盧卡諾（Sonia Lucano）

攝影◎費德瑞克·盧卡諾（Frédéric Lucano）

造型設計與圖像統籌◎桑妮雅·盧卡諾（Sonia Lucano）

翻譯◎張一喬

太雅生活館

天使娃娃與裝飾

So Easy 107

作　　　者	桑妮雅‧盧卡諾(Sonia Lucano)
攝　　　影	費德瑞克‧盧卡諾(Frédéric Lucano)
翻　　　譯	張一喬

總 編 輯	張芳玲
主　　編	劉育孜
文字編輯	林麗珍
美術設計	張蓓蓓

TEL：(02)2880-7556 FAX：(02)2882-1026
E-MAIL：taiya@morningstar.com.tw
郵政信箱：台北市郵政53-1291號信箱
網頁：http://www.morningstar.com.tw

Original title: Autour des anges
Copyright ©Sonia Lucano, Mango, Paris, 2004
First published 2004 under the title Autour des anges by Mango, Paris
Complex Chinese translation copyright ©2006 by Taiya Publishing co.,ltd
Published by arrangement with Editions Mango through jia-xi books co.,ltd.
All rights reserved.

發 行 所	太雅出版有限公司 台北市111劍潭路13號2樓 行政院新聞局局版台業字第五〇〇四號
印　　製	知文企業（股）公司　台中市407工業區30路1號 TEL：(04)2358-1803
總 經 銷	知己圖書股份有限公司 台北公司　台北市106羅斯福路二段95號4樓之3 TEL：(02)2367-2044　FAX：(02)2363-5741 台中公司　台中市407工業區30路1號 TEL：(04)2359-5819　FAX：(04)2359-7123

郵政劃撥	15060393
戶　　名	知己圖書股份有限公司
初　　版	西元2006年9月01日
定　　價	199元

（本書如有破損或缺頁，請寄回本公司發行部更換，或撥讀者服務專線
04-2359-5819#232）

ISBN-13：978-986-6952-01-2
ISBN-10：986-6952-01-0
Published by TAIYA Publishing Co.,Ltd.
Printed in Taiwan

國家圖書館出版品預行編目資料

天使娃娃與裝飾　/　桑妮雅‧盧卡諾（Sonia　Lucano）
作：張一喬翻譯.—初版.—臺北市：太雅,2006〔民95〕
面；公分.—（生活技能：107）（So　easy：107）
譯自：Autour　des　anges
ISBN　978-986-6952-01-2(平裝)
1.家庭工藝

426.7　　　　　　　　　　　　　　　95014958

目 錄

◆ 工具與材料　　　　　　　　6

◆ 亮片吊飾　　　　　　　　　8

◆ 小天使提包　　　　　　　　10

◆ 天使轉印枕　　　　　　　　12

◆ 甜美糖果袋　　　　　　　　16

◆ 天使愛美麗　　　　　　　　18

◆ 美形天使　　　　　　　　　22

◆ 天使情侶娃娃　　　　　　　24

◆ 天使寶貝圍兜兜　　　　　　28

◆ 十字繡小床組　　　　　　　30

◆ 趣味嬰兒掛飾　　　　　　　32

◆ 天使字母　　　　　　　　　34

◆ 公主的小天使　　　　　　　38

◆ 天使書套　　　　　　　　　42

◆ 方塊樂　　　　　　　　　　44

◆ 十字繡束口袋　　　　　　　48

◆ 紙型　　　　　　　　　　　51

工具與材料

針線匣

在開始著手製作本書的各式娃娃與飾品之前,請先確認您的針線匣裡具備了應有的小工具:圓或扁款鬆緊帶、小扣子和暗扣、刺繡用繃子、萬用黏膠、鉛筆、編織用鉤針、軟木塞、細鐵絲、尼龍線、一點顏料、描圖紙和白紙……這些東西雖然在過程中並非不可或缺,但總是有備無患。

布料

印花、單色、格子布、絲綢、純棉、亞麻、塔夫綢,無論什麼樣的布料都可以運用。本書中所介紹的製作物大多都不需要成塊的布料,所以您可以盡量採用回收或用剩的碎布塊,發揮自己的創意。

刺繡用布

本書中所使用的繡布,它的色彩選擇相當豐富。要知道刺繡圖樣的大小,取決於您所採用的布料,和您在刺繡時所用到的線數多寡。在開始刺繡之前,您可以先試作一個小的樣品,以確定繡出來的大小是否符合您的需求。

合成填充物

建議您使用合成填充物來製作本書中出現的某些需要填充的布偶或娃娃。其具備衛生、不會變質、使用簡便等優點,清洗後也不會跟木棉一樣結成一團。

線

本書所有的製作物都是採用搭配布料顏色的一般縫線來縫合的。不過縫線必須是百分之百純棉，並且保證不褪色。購買前請先詳閱標籤上的製造商說明。

繡線

DMC Mouliné棉繡線是十字繡和傳統刺繡最常使用的線款，因為它是6股分開的線組合起來的。您可以依照布料，來選擇要使用1股、2股還是3股。其百分之百純棉的材質，可以以機器洗滌，並承受最高90℃的水溫。而超過465種不同顏色的多樣選擇，更方便您用來表現各種不同的奇想和氛圍。

羊毛

跟布料可以回收使用一樣，使用過的舊毛線團也可以拿來重複利用，書裡的娃娃都只需要一點點的量。不過請先確認毛線團的品質，必須禁得起頻繁的洗滌次數。

緞帶和花邊

您可以多利用緞帶和蕾絲花邊來裝飾自己的作品。它們和其他小配件一樣，可以為您的作品增添不少具手藝特色和縫紉風格的一面，讓小女孩或媽媽都一樣愛不釋手。

其他小配件

玻璃珠和亮片通常都包裝成小袋，在玩具店、郵購、線上購物，當然還有手工藝和縫紉用品店販售。您可以盡量選購不同的顏色和形狀，以便於製作中有更多的搭配空間。此外，您也可以加入其他在手工藝用品店常見的不同小配件，像是羽毛等等；不過也別忘了「廢物利用」是集結出一個配件寶庫、用來美化裝飾所有製作物的最佳方法。

亮片吊飾

材料

難易度：相當簡單

- 土耳其藍和栗色網布
- 土耳其藍和栗色毛氈
- 土耳其藍亮片
- DMC Moulinè繡線1縷：栗色938
- DMC棉繡線1縷：土耳其藍598
- 合成填充物
- 萬用黏膠

天使

將天使的紙型（見第52頁）影印下來並剪下以取得紙型。將它以大頭針別在土耳其藍網布上，然後沿邊在毛氈布上畫出輪廓。將網布沿著中線對摺後，剪下2片天使。將2片天使交疊，然後用手縫的方式沿著周圍接縫起來，在裙襬一邊留下開口，以便填充棉絮，但切勿過度擠壓。填充完畢後，便將開口縫合。在沿邊0.3公分的地方，以栗色Moulinè繡線，採回針繡，縫上裝飾線。在天使的洋裝上，同樣以栗色Moulinè繡線，縫上土耳其藍亮片。在天使頭頂穿過1條土耳其藍棉繡線，並在末端打結，以便懸掛您的天使。

心形

將心形的紙型（見第52頁）影印並剪下以取得紙型。將它以大頭針別在栗色毛氈布上，然後沿邊在毛氈布上畫出輪廓。將毛氈沿紙型中線對摺後，剪下2片心形。

將2片心形交疊，然後用手縫的方式，沿著周圍接縫起來，在其中一邊留下開口，以便填充棉絮，但切勿過度擠壓。填充完畢後，便將開口縫合。在沿邊0.3公分的地方，以土耳其藍棉繡線，採回針繡，

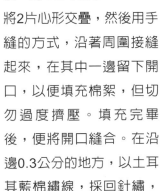

縫上裝飾線。在做好的心形上頭均勻地黏上土耳其藍亮片。從土耳其藍網布上，剪下2片較小的心形，然後1面各1個，將它們以栗色Moulinè繡線，採回針繡，縫在填充好的大心形中央。接著同樣以栗色Moulinè繡線，在網布心形中間，繡上以土耳其藍亮片構成的十字。在心形上端凹進去的地方，穿過1條土耳其藍棉繡線，並在末端打結以方便懸掛。

翅膀

將翅膀的紙型（見第52頁）影印並剪下以取得紙型。將它以大頭針別在栗色毛氈布上，然後沿邊在毛氈布上畫出輪廓。將毛氈沿紙型中線對摺後，剪下2片翅膀。將2片翅膀交疊，然後用手縫的方式，沿著周圍接縫起來，在上端留下開口，以便填充棉絮，但切勿過度擠壓。填充完畢後便將開口縫合。

在沿邊0.3公分的地方，以栗色Moulinè繡線，採回針繡，縫上裝飾線。從土耳其藍毛氈布上，將「天使」（Angel，見第52頁）字樣剪下，然後黏在翅膀的其中1面上。用栗色Moulinè繡線，在翅膀上以不規則均勻散布的方式，縫上土耳其藍亮片。在翅膀頂端穿過1條土耳其藍棉繡線，並在末端打結，以便懸掛您的翅膀。

小天使
提包

難易度：簡單

材料

◆ 2塊42X31公分的白色亞麻布，密度每公分12線
◆ 2塊30X7公分的白色亞麻布，密度每公分12線
◆ DMC Mouliné繡線：芋色3042，深紫色3041
◆ 寬1.2公分、長1.5公尺的巧克力色織帶

刺繡

將其中一塊42X31公分的白色亞麻布標出中線。將整塊布放上刺繡用繃子，然後在中間的地方，依照第11頁的格線位置，以2股Mouliné繡線對2緯紗的方式，用十字繡繡上小天使圖樣。

提包的組合

將2塊42X31公分的白色亞麻布鎖邊，反面對反面縫接起來，然後翻回正面。在袋口上端的地方，往回摺8公分作為收邊。沿著離袋口5公分的地方，在提包兩面縫上巧克力色織帶。在提包其中一面的上端，離袋口1公分的地方，從裡面將其中一條30X7公分白色亞麻布的兩端縫上包包。第二條提帶也以同樣的方式，縫在包包另一邊的內面裡，形成2條提帶面對面的樣子，最後再以熨斗燙過。在2條提帶裡面縫上巧克力色織帶，織帶的兩端繚邊縫在包包裡面，距離袋口7公分的地方。

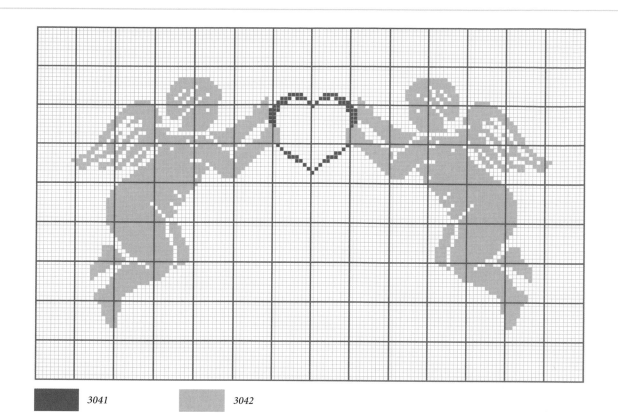

3041   3042

天使轉印枕

難易度：簡單

材料

◆ 20X30公分之棉坯布2張
◆ 轉印紙
◆ 緞帶
◆ 合成填充物

轉印部分

將第15頁的天使圖樣或您想要製作的任何圖案或照片，以機器掃描，然後列印在轉印紙上。

您也可以選擇用彩色影印的方式，直接將圖案印在轉印紙上。將轉印紙上的圖案，以熨斗轉印在其中一塊棉坯布上，使用時記得仔細閱讀並小心

遵循轉印紙製造商於包裝上的說明。

抱枕製作

將轉印上圖案的坯布和另一片坯布疊合在一起，以大頭針別好。沿著圖案邊緣，以剪刀修剪成適合的形狀，並多留約5公分的縫分。

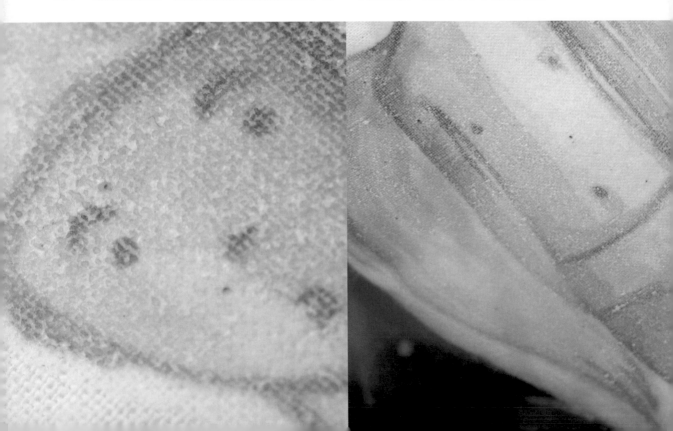

將坯布翻到反面，以縫紉機或手縫的方式，將2片
布料縫合，只在上端留下適當的開口，以便在填
充抱枕時，不需要過度去擠壓它。這個抱枕必須
維持柔軟舒適的觸感，如果您過度擠壓填充物，
它可能會變得硬邦邦及過重。

在縫合開口時，將一小段對摺的緞帶一併縫上
去，小朋友最喜歡這樣的東西了。

備註

如果家中沒有相關機器和器材的話，可以到附近
的數位沖印店，請他們幫忙完成轉印的動作。

甜美
糖果袋

難易度：非常簡單

材料

◆ 9X17公分的原色網布4塊
◆ 9X23公分的白色網布2塊
◆ 9X23公分的天空藍網布2塊
◆ 9X16公分的白色網布
◆ DMC Moulinè繡線1縷：栗色898
◆ DMC棉繡線1縷：天藍色800
◆ 寬0.3公分之白色緞帶30公分
◆ 鋸齒形花邊30公分
◆ 白色羽毛3隻
◆ 天然貝殼亮片1只
◆ 淡紫色圓亮片
◆ 合成填充物

翅膀糖果袋

在2片白色網布上端，往內反摺6公分作為收邊。將2片網布交疊，然後沿著距離邊緣0.5公分的地方，用手縫的方式，從正面將兩邊與底部縫合起來。接著以縫紉機，再採密集的曲線跡車過一遍。在糖果袋正面下角，縫上幾個淡紫色圓亮片作為裝飾。用9X16公分的白色網布，依照第8頁的說明，並使用以下的紙型製作填充翅膀，再以密集曲線跡車過一遍。將翅膀以1小針縫在白色緞帶中間，並於穿線時穿上1片紫色亮片，一併將它固定在翅膀中央。在翅膀兩端個別縫上1顆紫色亮片作為裝飾。在距離袋口6公分的地方，綁上翅膀緞帶以關閉袋口。

Lou糖果袋

將4片原色網布交疊，布邊朝上，然後沿著距離邊緣0.5公分的地方，用手縫的方式，從正面將兩邊與底部縫合起來，接著再以縫紉機，採密集的曲線跡車過一遍。在袋子兩邊、2塊網布中間，各塞入1隻白色羽毛。在袋子下方，以栗色898號Moulinè繡線，繡上您喜好的名字和日期。
在鋸齒形花邊上，穿入一只天然貝殼亮片，然後在距離袋口6公分的地方，將它綁上以關閉袋口。

羽毛糖果袋

在2片天空藍色網布上端，往內反摺6公分作為收邊。將2片網布交疊，然後沿著距離邊緣0.5公分的地方，用手縫的方式，從正面將兩邊與底部縫合起來，然後以縫紉機，再採密集的曲線跡車過一遍。在袋子正面，以極密集的小針距縫上斜插的白色羽毛。用天空藍棉繡線，編出一條20公分的織帶，然後在距離袋口6公分的地方，將它綁上以關閉袋口。

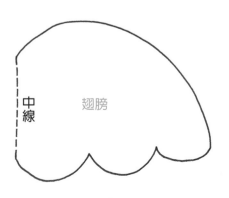

中線　　翅膀

天使
愛美麗

難易度：略需技巧

材料

- ◆ 原色棉布50X70公分
- ◆ 原色網布95X90公分
- ◆ 50公分斜裁原色棉布條
- ◆ DMC Mouliné繡線1縷：栗色898
- ◆ DMC棉繡線：栗色2168、2898、2839
- ◆ 透明尼龍線
- ◆ A4卡紙1張
- ◆ 30來支淡紫色羽毛
- ◆ 天空藍亮片
- ◆ 1個暗扣
- ◆ 包裹透明薄膜的軟木塞1個
- ◆ 合成填充物
- ◆ 萬用膠
- ◆ 鉤針

娃娃

將本書第54頁娃娃的紙型影印並剪下以取得紙型。將它以大頭針別在原色棉布上，然後沿邊畫出輪廓。每邊再各多留0.5公分的縫分，便可分別在沿中線對摺的布塊上，就畫好的圖形剪下2片身體（A），4片手臂（B）和4片腿（C）。

在2片身體的其中1個頭部，以鉛筆移印右圖的臉部表情。在布料反面打1個結，依照描好的圖案，以2股栗色898 Mouliné繡線，採緞面繡，將面部表情繡上去。

以縫紉機將身體、腿和手臂兩兩成對、反面對反面車縫起來，並在上端留下開口。圓弧形狀的部位，可以在接縫點開數個小槽，使得線條更為圓滑。將身體的各部位翻回正面；將頭部用填充物結實塞滿，並在脖子的地方，放入包裹薄膜的軟木塞。這個軟木塞可以使脖子變挺，並防止變重的頭部向前或向後傾斜。接著將身體剩餘部位，以填充物結實塞滿，以便加強軟木塞的固定。填充手臂和腿的時候，使用一支鉤針來幫助填滿整個四肢。以紮實的幾針縫合身體下方、腿部以及手臂上端。以手縫的方式，將手臂和腿縫接在肩膀和兩胯的位置。

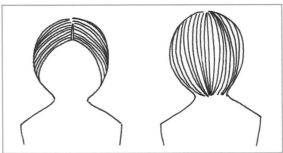

以鉛筆畫出前額和後腦勺──您想要植上頭髮的髮流和部位。以交替3種同色系、不同顏色棉繡線的方式，採大針距、回針繡，在整個頭頂繡上頭髮（如上圖）。最後將剩餘的繡線做成1個髮髻。沿著頭部四周縫上1道天藍色亮片作為光環。

美形天使

難易度：簡單

材料

- 原色網布30X35公分
- 鐵絲
- 天空藍圓亮片
- 淡紫色珠珠
- 天然貝殼色亮片4個
- 天藍色縫線
- 萬用膠

依照第53頁的紙型，以鐵絲做出一個天使和一顆心。一旦形狀完成確定之後，仔細平均地將它們壓平。將2支壓好的鐵絲形狀的其中一面上膠，然後直接放在一片原色網布上頭。等膠乾了以後，沿著鐵絲邊緣裁掉多餘的網布，不需留邊。

沿著心形離邊緣1公分的地方，以天藍色縫線用回針繡，縫上一條以天空藍亮片、淡紫色珠珠組成的線條，另外在天使的裙襬和翅膀尖端的地方，也一併繡上亮片和珠珠。在心形中央縫上1片貝殼色亮片，再以天空藍亮片和淡紫色珠珠固定，另外3片則縫在天使身上，紙型所標示的地方。

小撇步

您可以不為彎出形狀的鐵絲作任何裝飾，直接拿來作為植物生長攀藤之用。

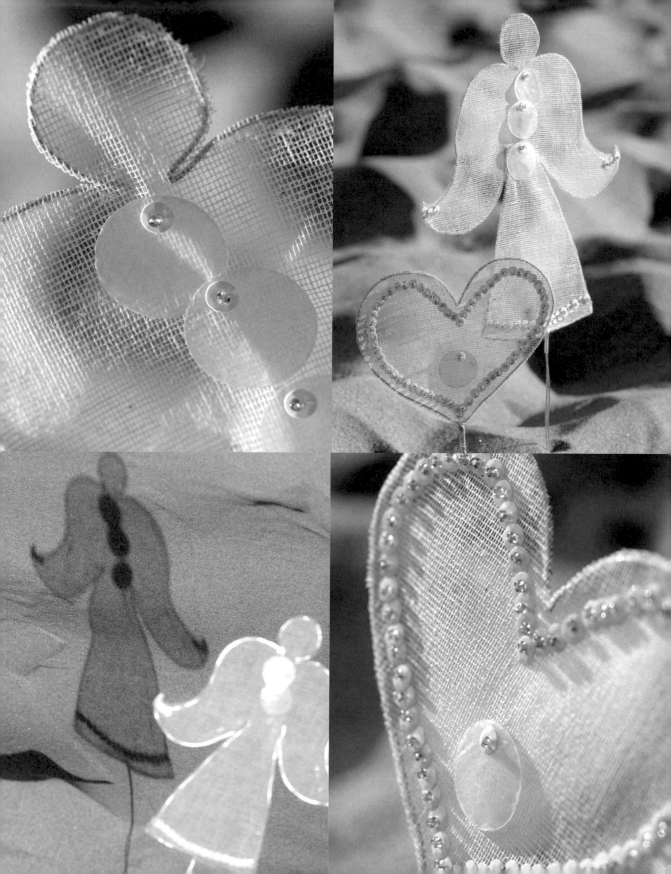

天使
情侶娃娃

難易度：相當簡單

材料

◆ 2片40X35公分的白色單織布，密度每公分10線
◆ 3片20X15公分的白色網布
◆ DMC Mouliné繡線：淺粉紅3716、深粉紅3731
　 淺灰色762、深灰色318
◆ 合成填充物

刺繡部分

在2塊白色亞麻布標出中線，將整塊布放上刺繡用
繃子，然後在每一塊亞麻布上，依照第26～27頁
的圖樣，以2股Mouliné繡線對2緯紗的方式，以十
字繡繡上小天使的正反面。

娃娃製作

將繡好的亞麻布沿圖案剪下，只在邊緣多留2公分
的縫分，然後沿邊飾縫，在圓邊留下開口。
將同一個天使的兩面布，正面對正面重疊，以大
頭針別好，接著縫接起來，只在旁邊留下開口。
翻回正面後先以熨斗燙平，然後塞入填充物，避
免過度擠壓。最後以手縫的方式將開口縫合。

翅膀

在對摺的網布上剪下3塊翅膀，加以重疊後，縫在
天使娃娃的背上。

小撇步

如果娃娃是預備給小孩玩耍的話，就不要縫上翅
膀。小孩很可能會扯下它們吞進肚子裡去。

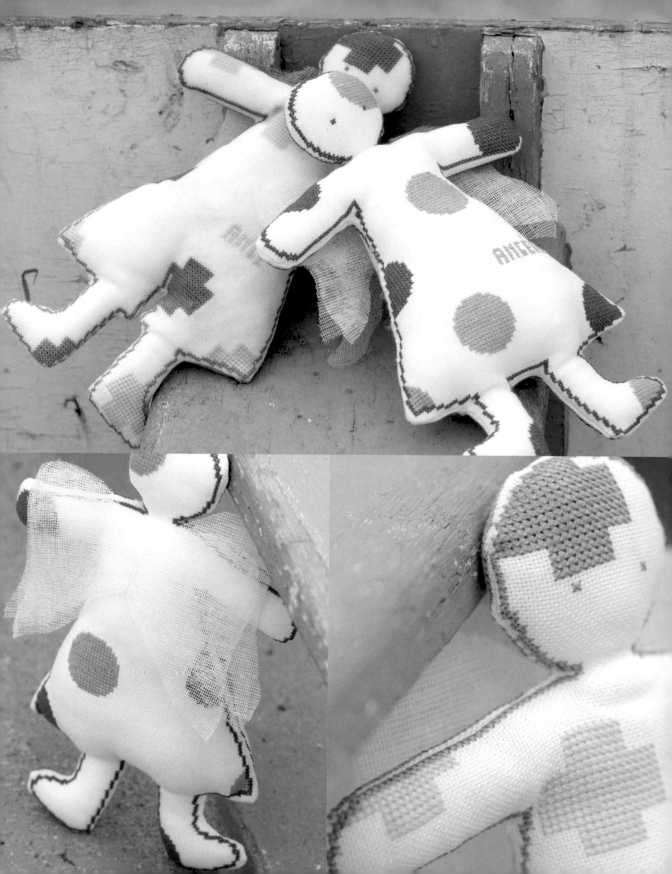

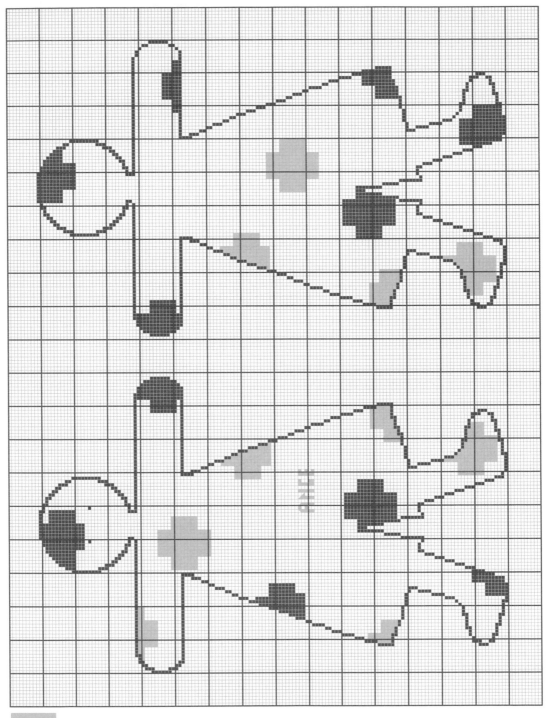

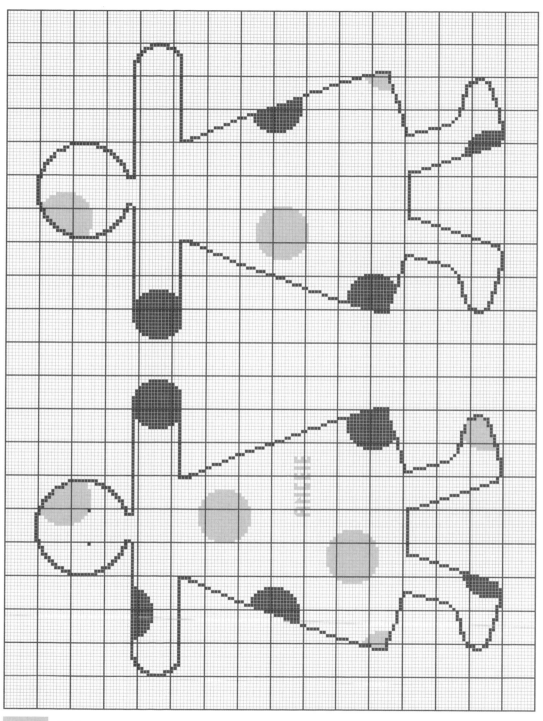

3716

3731

天使寶貝
圍[兜]兜

材料

◆ 1X1公尺的白色亞麻布，密度每公分12線
◆ DMC Mouline繡線：灰色318
◆ 寬0.5公分的淡灰色棉織帶60公分
◆ 直徑0.8公分的貝殼光澤小鈕扣

難易度：相當簡單

圍兜

將本書第56頁的圍兜紙型影印並剪下以取得紙型。將它以大頭針別在白色亞麻布上，然後沿邊畫出輪廓。每邊再各多留0.5公分的縫分，便可在沿中線對摺的布塊上，就畫好的圖形剪下2片圍兜（A）。用鉛筆將第56頁上要刺繡的句子（B），沿著邊緣移印在其中一塊圍兜上。以灰色Mouline繡線，採回針繡，將句子繡在圍兜上。

將2片圍兜縫邊，然後將它們正面對正面重疊，以一般針法縫合，僅留下一個開口。接著將圍兜翻回正面，以熨斗燙平整，再以手縫的方式將開口縫合。在圍兜上端右邊以2股灰色Mouline繡線，在紙型上標示的地方縫上扣眼。在另一端相對等的位置縫上貝殼光澤鈕扣。

奶瓶袋

將本書第56頁的袋子底部紙型影印並剪下以取得紙型。將它以大頭針別在白色亞麻布上，然後沿邊畫出輪廓。每邊再各多留0.5公分的縫分，便可在沿中線對摺的布塊上，就畫好的圖形剪下1片袋子底部（C）。

從白色亞麻布剪下1塊22X58公分的布塊並收邊。

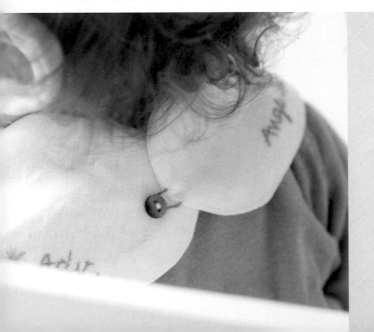

用鉛筆將第56頁上要刺繡的句子（D），移印在距下端9公分的地方，並在布料寬度上置中對齊。以灰色Mouline繡線，採回針繡，將句子繡在亞麻布上。將布料從長度反面對反面對摺，以求得22X29公分大小的布塊。將旁邊縫合，僅在邊距上端1～8公分的地方留下開口。以灰色Mouline繡線，採回針繡，在開口的上方和下方各縫上一道。藉助別針，將淡灰色棉織帶穿進2條縫好的線之間。以抽動織帶調整布料皺褶的方式，便可以將袋子關起來。翻到反面，然後以手縫的方式，將圓形的袋子底部與袋身縫合在一起。

十字繡
小床組

材料

◆ 被單部分：使用75X150公分的白色亞麻布，密度
  每公分12線
◆ 枕頭套部分：使用47X30公分和47X45公分的白色
  亞麻布
◆ DMC Moulinè繡線：紅色606、鮮紅色666、深紅
  色498

難易度：簡單

被單

沿著整個要作被單的白色亞麻布寬邊，依照第57
頁的格線位置，以2股Moulinè繡線對2緯紗的方
式，用十字繡繡上天使圖案。

圖案要繡在被單上端8公分的地方，天使的腳朝
上，以便當被單裝好、翻回正面時，天使能正好
頭朝上出現在正面。

在刺繡之前，先將被單四邊以細針距鎖邊，以防
布料抽線鬆開，然後繚上0.5公分的邊。

枕頭套

將2片亞麻布拷克鎖邊。沿著整個47X45公分的白
色亞麻布寬邊，取高度中間的位置，依照第57頁
的格線位置，以2股Moulinè繡線對2緯紗的方式，
用十字繡繡上天使圖案。

在沒有繡圖案的布料兩邊，各往內收15公分。將
2片白色亞麻布正面對正面，以縫紉機將兩邊和上
端接合起來。

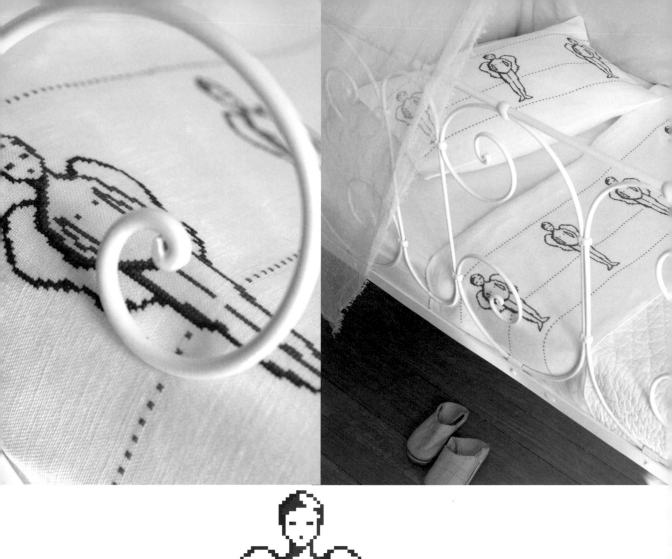

606

666

498

趣味
嬰兒掛飾

難易度：簡單

材料

吊飾部分：

- ◆ 5片印染碎棉布
- ◆ 與布塊顏色相稱的DMC Mouliné繡線
- ◆ 木條1根
- ◆ 5片與布料顏色相稱的珠光亮片
- ◆ 粉紅色壓克力顏料
- ◆ 尼龍線
- ◆ 合成填充物

娃娃部分：

- ◆ 45X35公分的原色棉布2塊
- ◆ 45X35公分的襯
- ◆ DMC Mouliné繡線：粉紅602、橘色947
  紅色304
- ◆ 合成填充物

吊飾部分

將本書第58頁的小天使紙型影印並剪下以取得紙型。將它以大頭針別在印染碎棉布上，然後沿邊畫出輪廓。每邊再各多留0.5公分的縫分，便可在每片沿中線對摺的布塊上，就畫好的圖形剪下2片小天使（A）。將每2片相同布料的小天使，反面對反面重疊，沿邊略往內摺，然後就用1股符合布料顏色的Mouliné繡線，採毛邊繡縫合，僅在旁邊留下開口，以便填充棉絮，但切勿過度擠壓。填充完畢後便將開口縫合。

沿著紙型上標明虛線的地方，以小針距縫上圖樣，以表達出翅膀。在每個天使頭上穿過1股Mouliné繡線。以同樣的方式完成5個小天使之後，將木條漆成粉紅色，並取1股Mouliné繡線穿過珠光亮片，做出5只小吊飾。將小天使均勻地分開掛在木條上，從兩端往中間掛，接著掛上亮片小吊飾。在木條中央綁上尼龍線，以便懸掛整個掛飾，並注意調整和維持掛飾的平衡感。

娃娃部分

將本書第58頁的大天使紙型影印並剪下以取得紙型。將它以大頭針別在布料上，然後沿邊畫出輪廓。每邊再各多留0.5公分的縫分，便可在沿中線對摺的布塊上，就畫好的圖形剪下2片大天使（B），另外再從對摺的襯上剪下1片大天使（B）。將剪好的襯和棉布，以大頭針別在一起。將襯放在其中一片天使上頭，從布面上以1股Mouliné繡線，沿著紙型標明虛線的地方，用小針距縫上圖樣，以表達出圓圈和翅膀。可以自由變換線的顏色以增添變化。

將另一片天使放在襯上頭，沿邊略往內摺，然後就用1股Mouliné繡線，採毛邊繡縫合，僅在旁邊留下開口，以便填充棉絮，但切勿過度擠壓。填充完畢後便將開口縫合。

小撇步

您可以在天使的另一面也繡上圖樣，再以同樣的方式縫合。

天使字母

難易度：簡單

材料

◆ 45X38公分的白色亞麻布
◆ DMC Moulinè繡線：灰色414、淺紫3042、深紫
  3740；或八角色3819、粉紅601、深紫紅3685

刺繡部分

在開始著手刺繡之前，先以手縫或縫紉機將布料鎖邊，以免它抽線鬆開。將白色亞麻布標出中線，把整塊布放上刺繡用繃子，然後在中間的地方，依照第36頁的格線位置，以2股Moulinè繡線對2緯紗的方式，用十字繡繡上任選一種色調的字母圖樣。

小撇步

您可以自由變換和選擇顏色。我們在第37頁提供另一種色調選擇，好讓您可以清楚分辨出同樣的格線下，改變色調所需對應的位置。

3042

3740

414

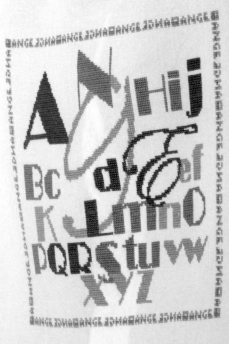

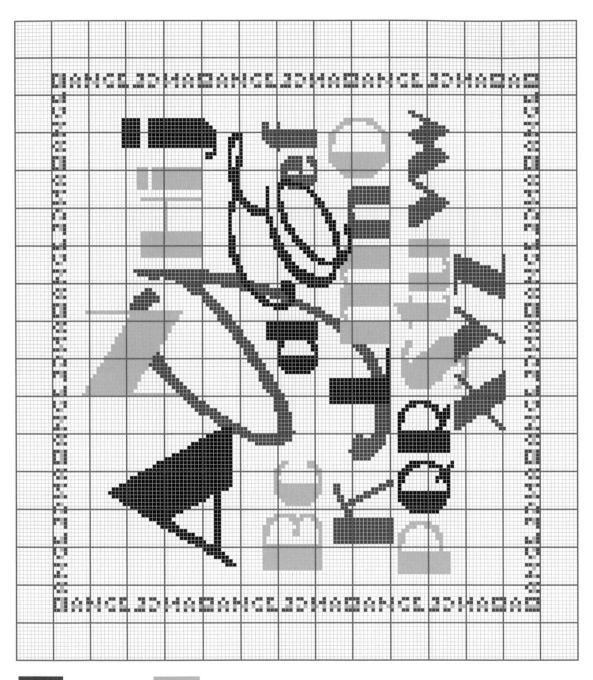

 601

3819

3685

公主
的小天使

難易度：略需技巧

材料

- ◆ 淺紫色亞麻布1X1公尺
- ◆ 粉紅色絹網80X25公分
- ◆ 寬0.3公分的栗色棉織帶60公分
- ◆ DMC Mouline繡線：淡紫色153、栗色838
- ◆ 淡紫色玻璃珠珠2個
- ◆ 淡紫色圓亮片
- ◆ 合成填充物

娃娃

將本書第59頁娃娃的紙型影印並剪下以取得紙型。將它們以大頭針別在淺紫色亞麻布上，然後沿邊畫出輪廓。每邊再各多留0.5公分的縫分，便可分別在沿中線對摺的布塊上就畫好的圖形剪下2片身體（A）和2片頭（B）。

將所有剪好的布塊收邊。將2片頭正面對正面，以縫紉機組合起來，翻回正面，然後以熨斗燙平整。在上端穿過一條線，然後紮實地拉出皺褶。仔細將頭部填滿棉絮，用力塞滿讓整個頭變得有重量。接著在脖子處穿過一條線，然後紮實地拉出皺褶。

在頭部正面縫上2顆淡紫色珠珠，做為眼睛。

在身體正面，以栗色Mouline繡線，採扇形繡，繡上距離3公分的2條線，接著以淡紫色Mouline繡線，將淡紫色亮片縫在2條線之間。將身體用與頭部一樣的方式組合、填充和縫合。

以手縫的方式，將頭部與身體組合起來。

裙子

將62X30公分的淡紫色亞麻布塊收邊。在距亞麻布裙子下擺6公分的地方，以扇形繡縫上一道線，然後加以摺邊。絹網裙子的部分不用摺邊，因為這種布料不會抽線鬆開。

將亞麻布裙子和80X25公分的粉紅色絹網相疊後，從反面縫接起來，在上端腰部的地方穿過一條線來拉出皺褶，然後牢牢地縫接固定在身體上。用手縫的方式，將栗色小緞帶縫在裙子正前方，然後打一個漂亮的蝴蝶結。

帽子

將本書第59頁帽子的紙型影印並剪下以取得紙型。將它以大頭針別在淺紫色亞麻布上，然後沿邊畫出輪廓。每邊再各多留0.5公分的縫分，便可分別在沿中線對摺的布塊上就畫好的圖形剪下2片帽子（C）。

用手縫或是用縫紉機皆可，將2片帽子正面對正面縫接起來，然後翻回正面，再以熨斗燙平。

用淡紫色Mouline繡線，以手縫的方式在帽緣繡上毛邊繡。取帽子高度正中間的地方，沿著整個帽子周圍，以栗色Mouline繡線，採扇形繡，縫上一道花紋作為裝飾。

將帽子戴在娃娃頭上。您可以視情況暗縫上幾針，以便將帽子固定在娃娃頭上。

翅膀

將本書第59頁翅膀的紙型影印並剪下以取得紙型。將它以大頭針別在淺紫色亞麻布上，然後沿邊畫出輪廓。每邊再各多留0.5公分的縫分，便可

分別在沿中線對摺的布塊上就畫好的圖形剪下2片翅膀（D）。

將剪好的布料整個收邊。將2片翅膀沿邊縫接起來，正面對正面，只在旁邊留下1個開口，以方便

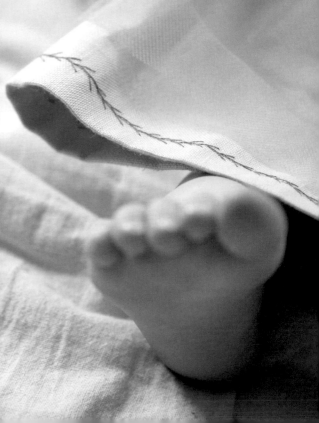

填充棉絮。接著翻回正面，以熨斗燙平整。
將翅膀內部塞入填充物，但切勿過度擠壓，填充
完畢後，便以手縫的方式將開口縫合。
以栗色Mouliné繡線，沿翅膀周邊和中線，採小針

距繡出紋路，以表達出翅膀的褶痕。
將翅膀中央以栗色Mouliné繡線，固定在娃娃背
上，同時將淡紫色亮片穿在線上作為裝飾。

天使書套

材料

- ◆ DMC刺繡用空白亞麻書套，密度每公分11線
- ◆ DMC Moulinè繡線：粉紅778、桃紅3804、栗色898、綠色166
- ◆ 描圖紙

難易度：非常簡單

圖案轉寫

將亞麻書套封面標出中線。將60～61頁的天使圖樣和刺繡線條與花樣，置中移印在封面上。

刺繡

將亞麻書套放上刺繡用繃子，以2股桃紅或粉紅Moulinè繡線，沿著移印好的圖樣，採回針繡，將天使的形狀繡上去。在天使裙襬的下緣，用2股栗色Moulinè繡線，繡上8個結粒繡作為裝飾。

在書套的上緣和下緣，沿著做好標示的位置，以綠色Moulinè繡線採扇形繡、栗色Moulinè繡線採結粒繡、桃紅色Moulinè繡線採扇形繡、綠色Moulinè繡線採結粒繡、粉紅色Moulinè繡線採扇形繡，最後以桃紅色Moulinè繡線，採回針繡的順序，各以2股繡線繡上一條花樣。

書套的封底部分，也以同樣的方式，繡上這些線條與花樣。

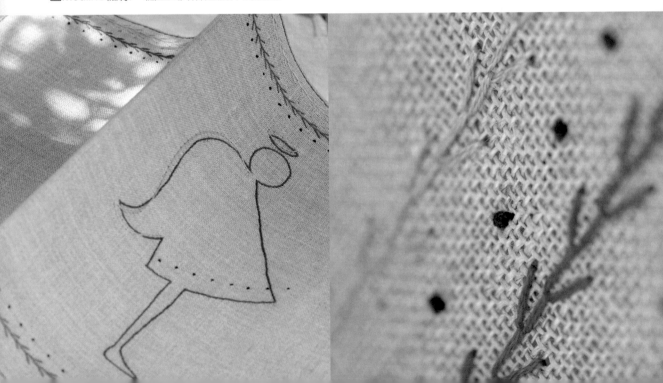

方塊樂

難易度：進階

材料

◆ 4塊25X40公分灰色毛氈

◆ DMC Moulinè繡線：淺粉紅819、鮮粉紅3350
   紫色3834、綠色3819

◆ 灰色縫線

◆ 粉紅色亮片

◆ 布品用Marabu顏料：桃紅、春天綠

◆ A4卡紙1張

◆ 合成填充物

◆ 噴膠

製作方塊的準備

將本書第62頁方塊的紙型影印並剪下以取得紙型。將它以大頭針別在灰色毛氈和卡紙上，然後沿邊畫出輪廓。每邊再各多留0.5公分的縫分，便可分別在灰色毛氈上就畫好的圖形剪下4片方塊（A），和在卡紙上剪下4片方塊（A）。

方塊的裝飾

將第62～63頁上的圖案移印在剪好的毛氈上，並注意讓圖案在每個正方形面置中對齊。

4個方塊均應分配到各個不同的元素，包括天使、數字、字和心形。其中2個幾何圖形是用來填充每個方塊空白的那一面。

第一個幾何圖形，請以緞面繡來繡出方塊，每個方塊替換不同的Moulinè繡線顏色。第二個幾何圖形，您可以用春天綠畫上粗線條，用桃紅色畫上細線條和點；或是用刺繡的方式，以綠色Moulinè繡線，採回針繡，繡上粗線條；然後用鮮粉紅Moulinè繡線，採扇形繡，繡上細線條；用鮮粉紅Moulinè繡線，採回針繡，繡上點點。

天使的部分，在內部塗上桃紅色，接著以綠色Moulinè繡線，採回針繡，繡上輪廓和頭髮；以紫色Moulinè繡線，採結粒繡，繡上眼睛和嘴巴；以鮮粉紅色Moulinè繡線，採回針繡，繡上光環。

用緞面繡將數字填滿，接著再以回針繡，繡出輪廓，數字「1」和「3」用淺粉紅色Moulinè繡線，數字「2」和其他用鮮粉紅色Moulinè繡線。

以紫色Mouliné繡線，採回針繡，繡上心形的輪
廓，然後用淺粉紅色Mouliné繡線，在心形裡面繡
上1條粉紅色亮片。

以紫色Mouliné繡線，採回針繡，繡上代表「天使」
（Angel）的字母，然後用綠色Mouliné繡線，採回
針繡，將「a」和「g」以正方形框框圈起來。

方塊的組合

將剪好的卡紙方塊以噴膠上膠，然後黏在毛氈方
塊上。用手將要彎摺的部分壓好以整理出形狀。
用手縫的方式，以灰線將每個方塊的稜邊縫上，
將接片縫進裡面。留下一邊作為開口，以便紮實
地塞滿填充物，再將開口縫合。以1股鮮粉紅
Mouliné繡線，在每一個稜邊縫上飾邊。

十字繡
束口袋

難尺寸：約40公分

大束口袋的刺繡部分

在開始之前，先將其中一塊白色亞麻布拷克鎖邊，以免其鬆開脫線。將它對摺並找出正面的中線，接著將布塊放上刺繡用繃子，按照第50頁的格線位置，以2股繡線對2緯紗的方式，在中間以十字繡繡上被繁星圍繞著的天使圖樣。

大束口袋的縫合

先將第二片白色亞麻布縫邊，從反面將2塊布的兩邊和下端縫接起來。在垂直邊邊留下1個距上端1～12公分的開口，然後翻回正面，在口袋上端往內縫進8公分的收邊。

以回針繡，用淺粉紅Mouliné繡線，在開口上下各縫上1道。以6股長80公分的粉紅色棉繡線，編1條飾帶，藉助別針將之穿進2條縫好的線之間。拉動飾帶以調整亞麻布的皺褶，並可將束口袋關閉。最後將飾帶尾端做成流蘇狀即可。

小撇步

小束口袋的刺繡圖樣，是以1股繡線對1緯紗的方式繡成。縫合方式則與大束口袋相同。

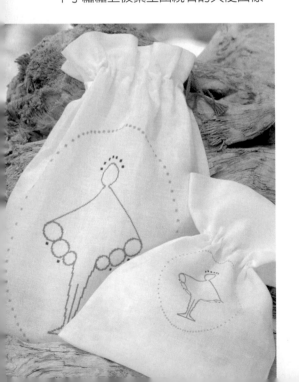

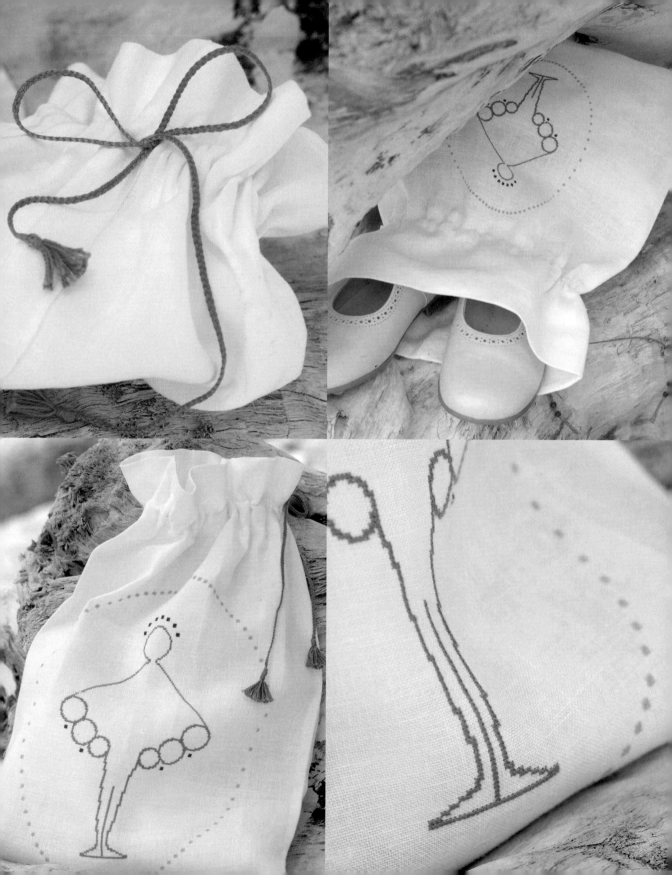

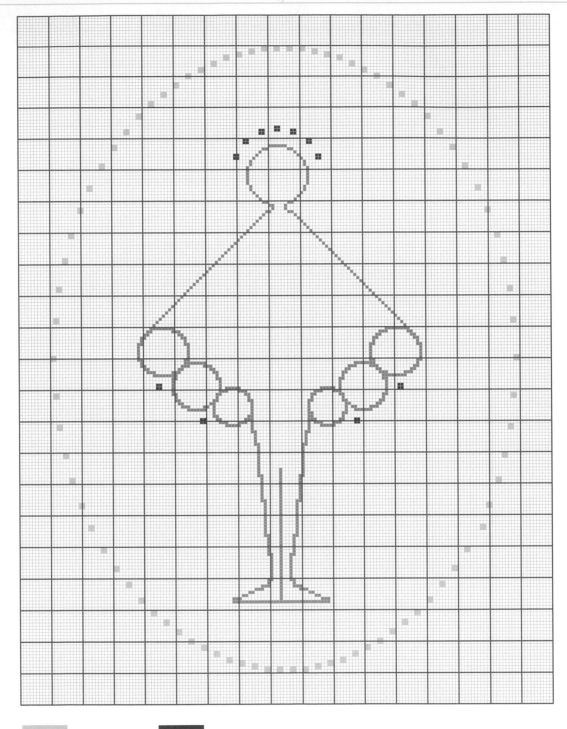

 776   3350

 899

紙型

亮片吊飾

影印紙型時請以91%的尺寸來印即可

天使

中央褶線

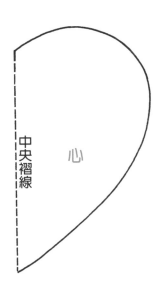

中央褶線

心

中央褶線

翅膀

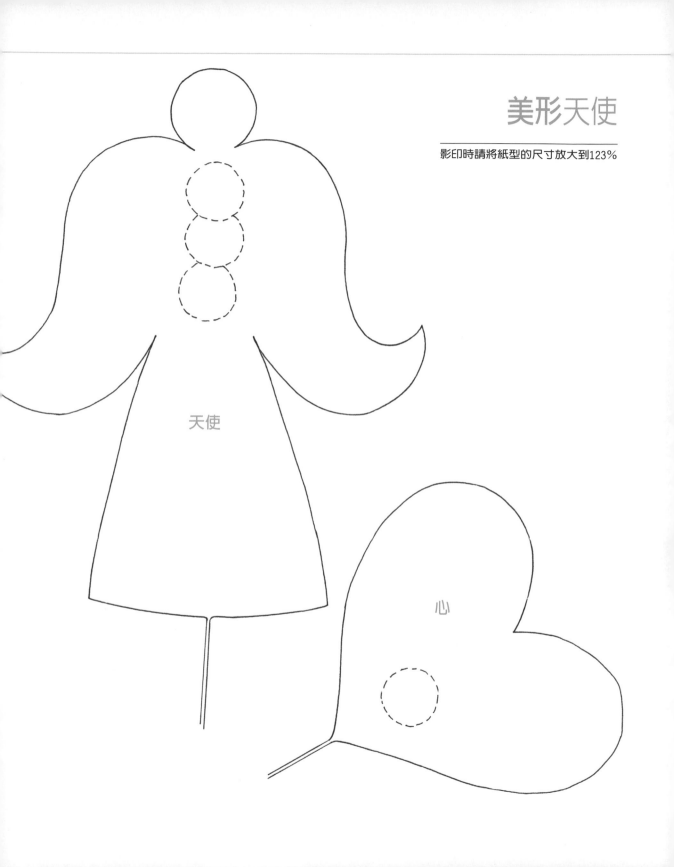

美形天使

影印時請將紙型的尺寸放大到123%

天使

心

天使愛美麗

影印時請將紙型的尺寸放大到168%

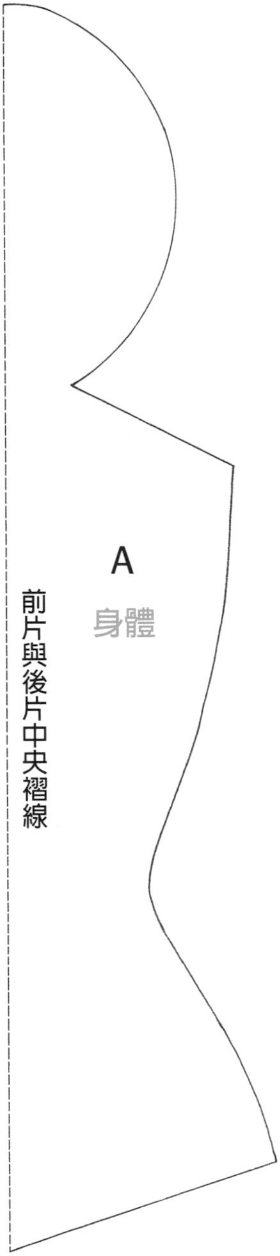

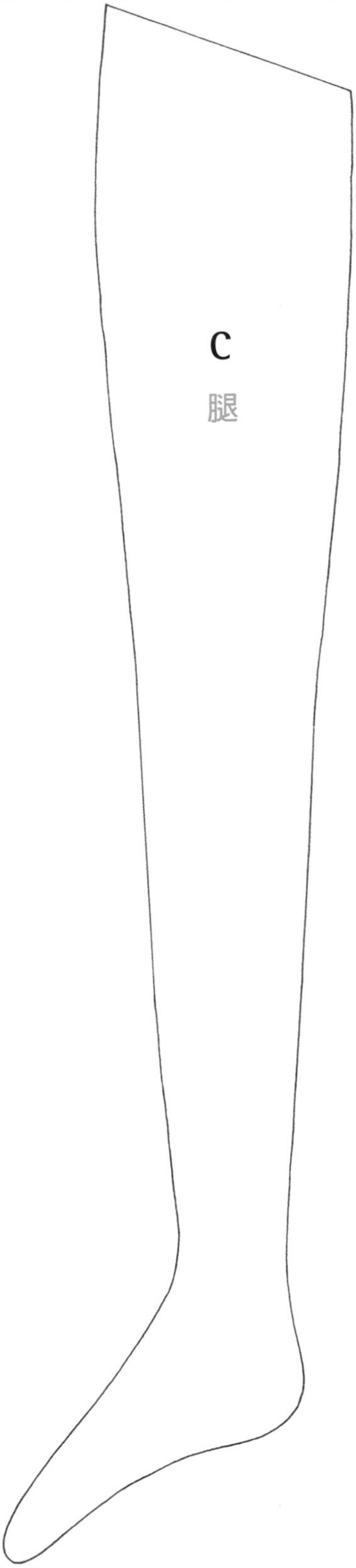

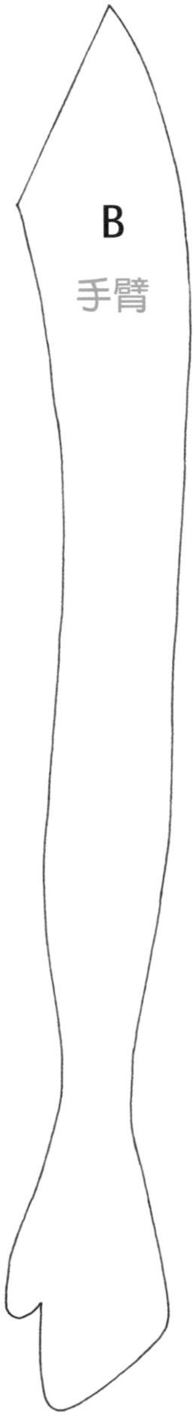

C
腿

B
手臂

A
身體

前片與後片中央褶線

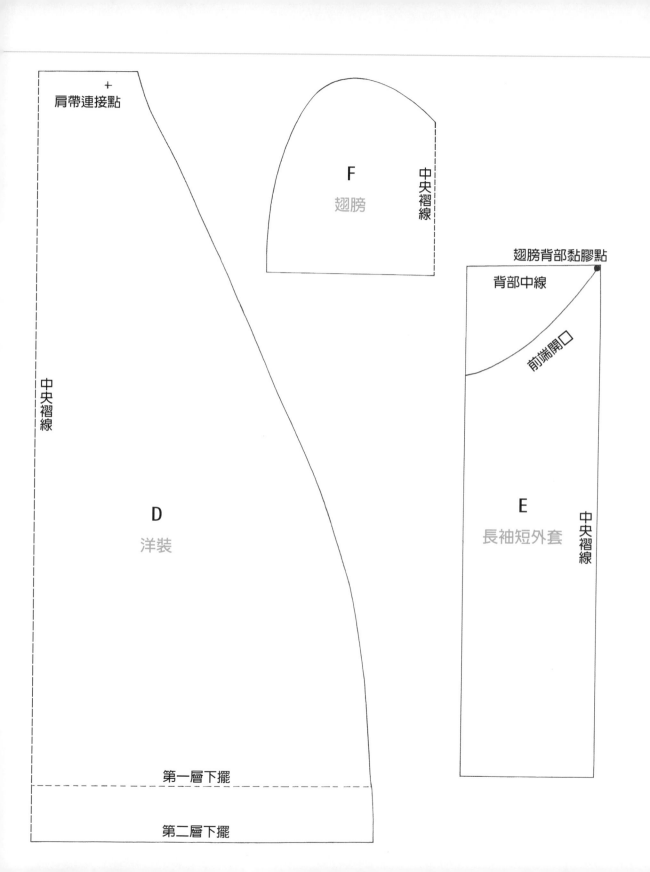

+

肩帶連接點

F
翅膀

中央褶線

翅膀背部黏膠點

背部中線

前端開口

中央褶線

D
洋裝

E
長袖短外套

中央褶線

第一層下擺

第二層下擺

天使寶貝圍兜兜

影印時將紙型的尺寸放大到191%

C　中央褶線　奶瓶袋底部

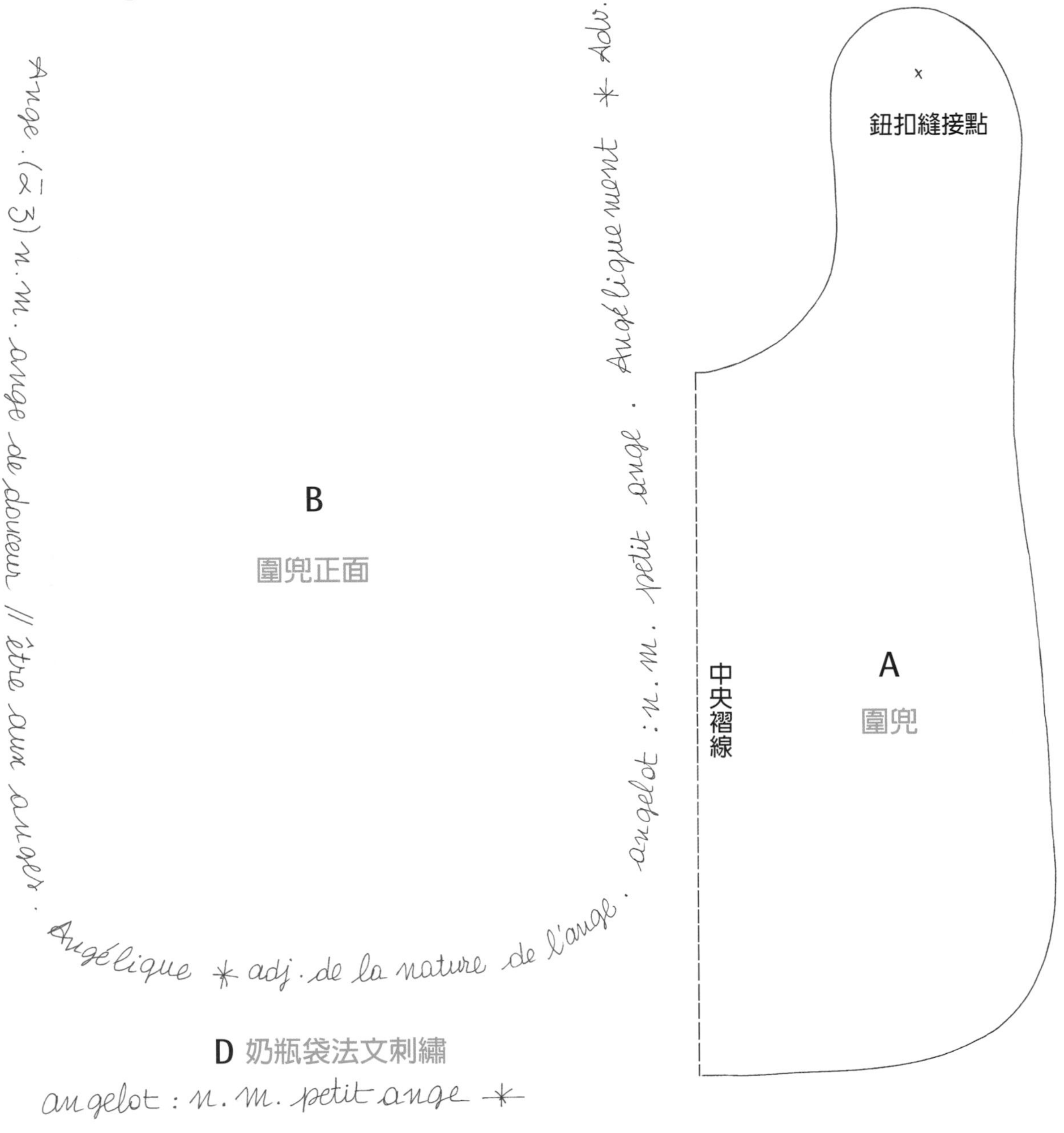

B

圍兜正面

Ange.(ā̃ʒ) n.m. ange de douceur // être aux anges. Angélique * adj. de la nature de l'ange. angelot : n.m. petit ange . Angélique . petit ange . Angéliquement * adv.

鈕扣縫接點

x

中央褶線

A

圍兜

D　奶瓶袋法文刺繡

angelot : n.m. petit ange *

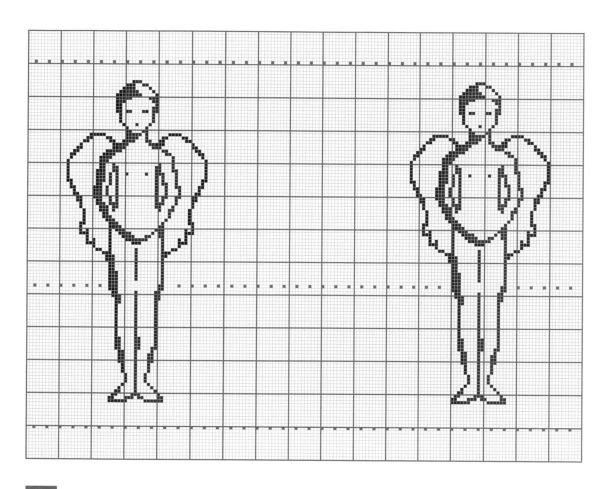

 606

 666

 498

趣味嬰兒掛飾

影印時請將紙型的尺寸放大到113%

B

娃娃

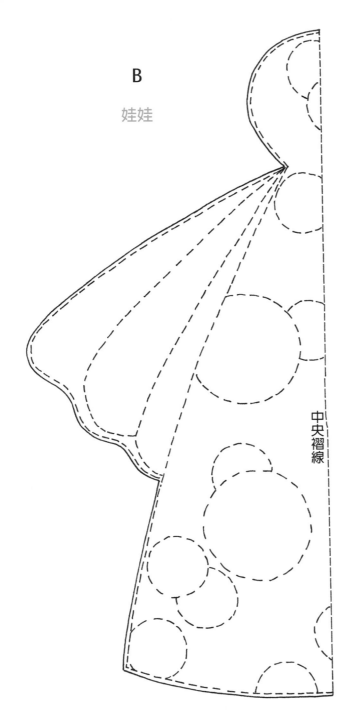

中央褶線

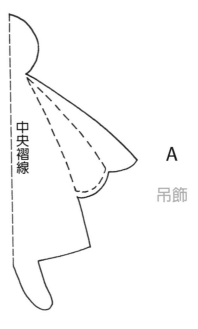

中央褶線

A

吊飾

公主的小天使

影印紙型時請以91%的尺寸來印即可

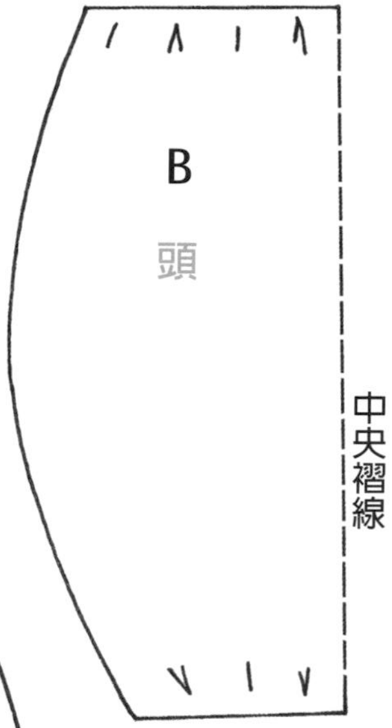

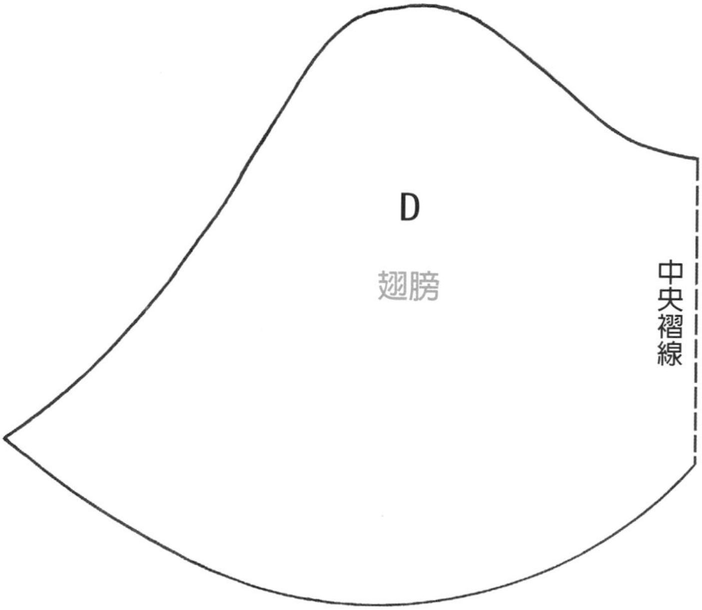

B
頭

中央褶線

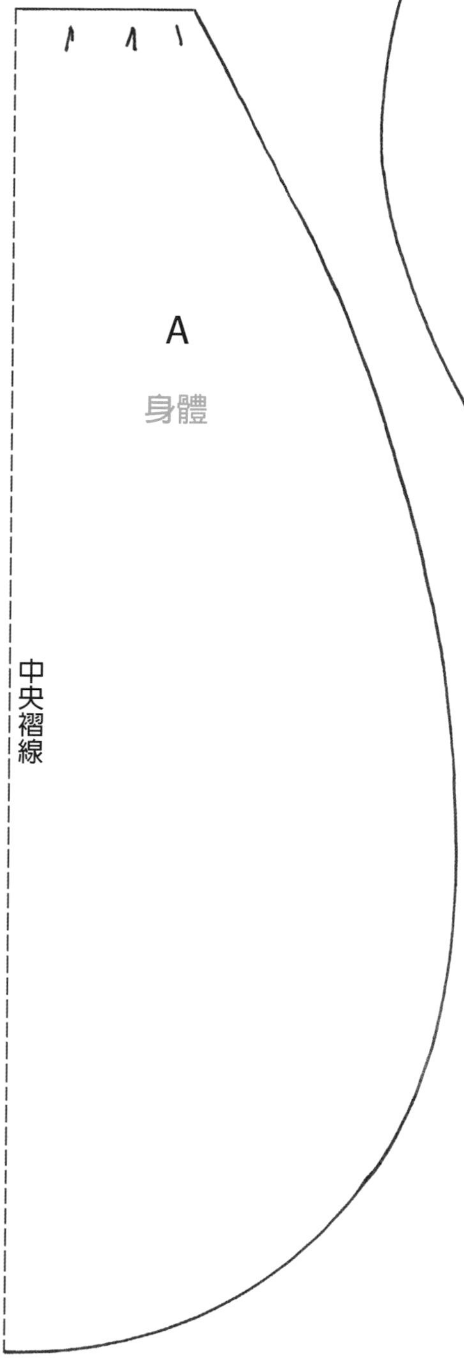

A
身體

中央褶線

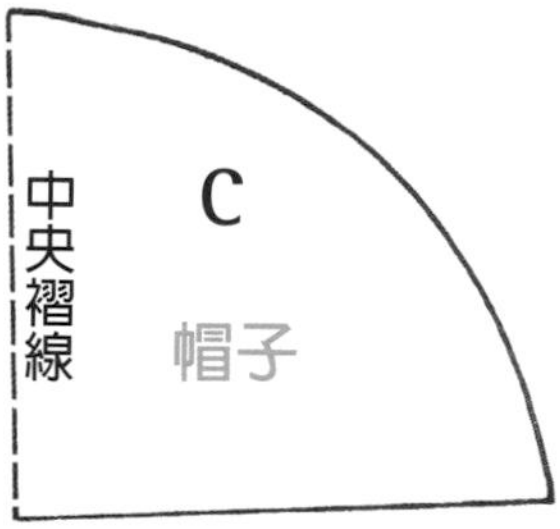

C
帽子

中央褶線

D
翅膀

中央褶線

天使書套

影印紙型時請以91%的尺寸來印即可

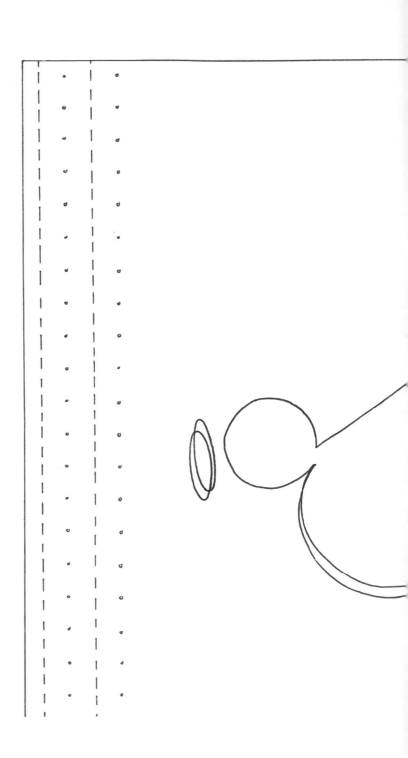

方塊樂

影印時方塊的紙型請以91％的尺寸來印，
方塊的組合圖請以263％的尺寸來印

A

方塊

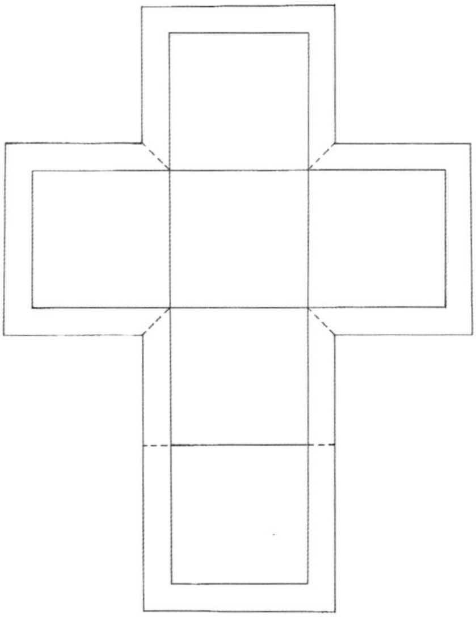